U0155638

幸运土豆

·统计与概率·

国开童媒 编著　每晴 文　鱼阿鱼 图

国家开放大学出版社出版　国开童媒（北京）文化传播有限公司出品
北 京

世界上有各种各样的土豆。

长的

圆的

扁的

童话数学
儿童数学启蒙图画书

幸运土豆

国开童媒 编著

每晴 文

鱼阿鱼 图

国家开放大学出版社出版　　国开童媒（北京）文化传播有限公司出品

- 知道统计和概率在现实生活中的意义，从而激发孩子的学习兴趣。

- 通过日常生活的事例和互动，感知最简单的概率问题，并能够在未来相似的情况下得出正确率比较高的判断。

- 经历简单的数据收集和整理过程，认识简单的统计表。

- 会对数据进行简单的分析，初步形成统计意识。

· **读前猜一猜，提升阅读兴趣，感受故事趣味。**
  观察封面图片，让孩子猜一猜画面中的土豆要被送到哪里？记录下孩子的回答，等读完故事后再来回顾一下。

· **读中想一想，关注知识点，边读边学。**
  结合故事情境，在涉及"统计"或"概率"概念的时候，跟孩子一起讨论一下生活中类似的事例，比如，你最喜欢哪本故事书？你觉得其他小朋友跟你喜欢同样的书的概率是大是小呢？

· **读后说一说，巩固故事知识点，培养数学兴趣。**
  参考书后的思维导图，和孩子一起复述故事，巩固知识点，完成书后游戏。

一个土豆要长成这样，概率非常小。
我就是这么一个土豆。
我真不知道自己是幸运，还是不幸。

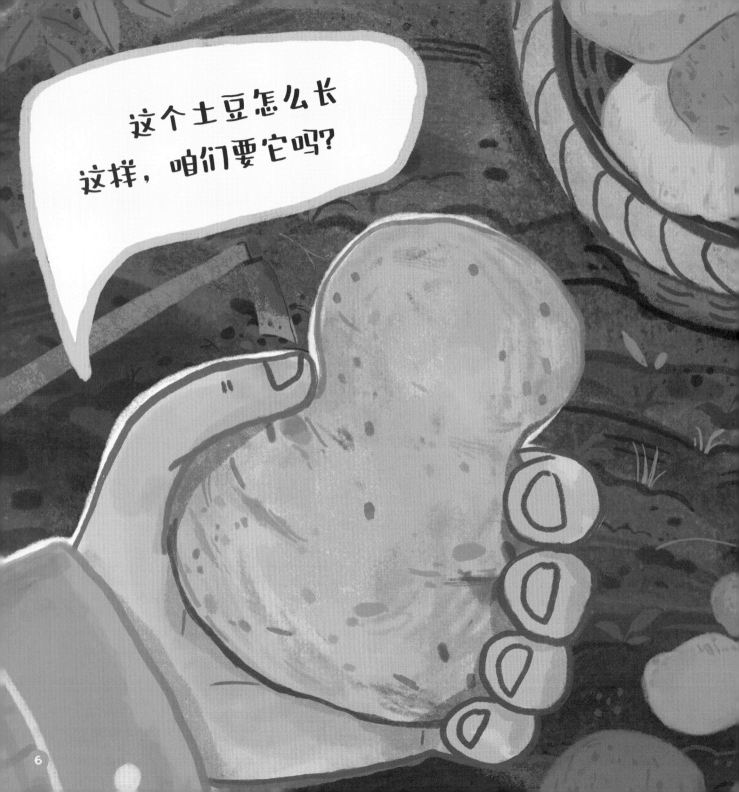

小贴士：请你记录一下，多少人建议留下这个土豆，多少人建议不要这个土豆。你觉得它被留下的概率大一些，还是被丢掉的概率大一些呢？这个记录过程在数学中叫作"数据收集与整理"，也叫"统计"。

挺好的呀，留着吧。

谁都喜欢又大又圆的土豆，这个可不好卖。

太难看了，不要吧！

嘿，这样的土豆可不常见，不要可惜了。

我觉得很好啊，它一个顶两个呢。

7

好吧，那就留下它。

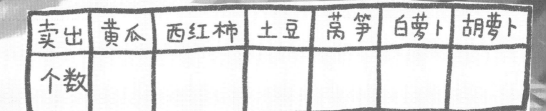

卖出	黄瓜	西红柿	土豆	莴笋	白萝卜	胡萝卜
个数						

小贴示: 你能记录一下每种蔬菜分别卖出多少吗?和爸爸妈妈讨论一下有哪些好的记录方法。你也可以在纸上画出类似这样的表格。

买1根白萝卜,2个西红柿。

我要1棵莴笋,2根黄瓜。

我要4根胡萝卜。

老板,买3根黄瓜。

再见!

再见!

再见!

再见! 再见!

一个又一个的菜篮子来到我身边,我目送它们一个接一个地带着我的伙伴们离开。

再见!

突然，一只大手把
我拿了起来……

我被来回转了个面，

又被放下了。

看来我的确不是一个受人欢迎的土豆。我蔫巴着打起盹来。

小贴示：小男孩想买这个土豆，可是妈妈不赞同。这种情况下，这个土豆被买走的概率大吗？

小贴士：听完了蔬菜摊老板和小男孩妈妈的对话，你觉得"葫芦"土豆被卖掉的概率是更大了，还是更小了？

17

第一天

第二天

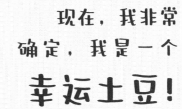

现在，我非常确定，我是一个**幸运土豆！**

知识导读

生活中的各种事件，可以根据它们发生的可能性，分成两大类：一类叫"确定事件"，指的是必然发生和一定不会发生的事件；另一类叫"随机事件"，指的是可能发生也可能不发生的事件。我们这里说到的"可能性"就是"概率"。

故事中的小土豆长成了一个葫芦的形状，这属于小概率的随机事件。但即便这样，它还是一颗如假包换的土豆，这是确定事件。无论是土豆还是人类，每一个个体的长相都是独一无二的，长成一样的概率几乎为零。因此，每一个个体都是独特的，要学会认可和尊重自己的独特性。

这个故事除了给孩子讲了"概率"这个小知识，还让孩子在阅读中不知不觉地学习了"信息整理和统计"的知识。小读者在故事中跟随小土豆来到市场，并对市场上的瓜果蔬菜数量进行了统计。

不知道孩子能不能自己发现，要想进行统计，首先要学会分类。还记得《怪兽镇》教给孩子的分类知识吗？在《幸运土豆》这个故事里，物品又是按什么标准分类的呢？家长可以引导孩子说一说。除此之外，在对某类物品的数量进行记录的时候，孩子可以采用画勾（√）、画圈（○）或是写"正"字等方式进行数据的收集、整理与记录。学习和养成数据整理和统计的习惯，可以建构孩子的统计意识和思维习惯，让孩子成为一个有条理、做事高效的人。

北京润丰学校小学低年级数学组长、一级教师　蒋慕香

思维导图

这个土豆很不一般，它长相奇特，还因此遭到了其他土豆的嘲笑。它很伤心，觉得自己太不幸运了！直到有一天，它在市集上碰到了一个小男孩……这个土豆是如何从不幸运变成幸运的呢？请看着思维导图，把这个故事讲给你的爸爸妈妈听吧！

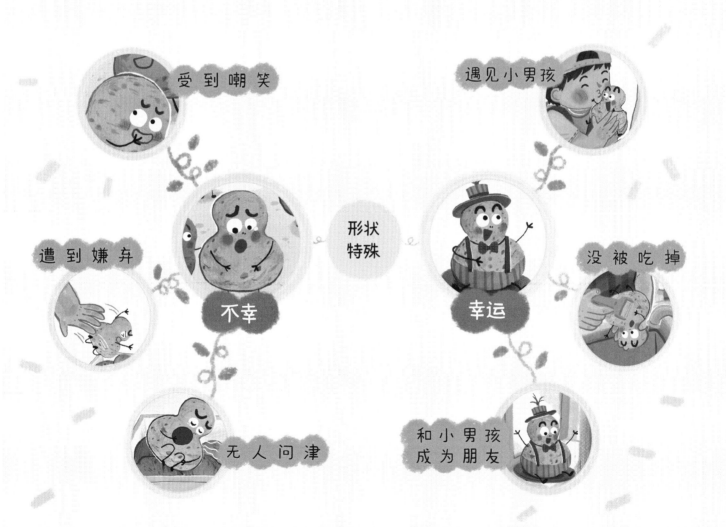

受到嘲笑

遇见小男孩

遭到嫌弃

形状
特殊

没被吃掉

不幸

幸运

无人问津

和小男孩
成为朋友

·我爱堆积木·

这栋积木房子可真好看啊！请你统计一下，它是由哪些积木组成的吧。

积木图形	数量
长方体	
正方体	
三角体	
圆柱体	

·房屋大作战·

小男孩的房间里真乱啊，妈妈让他收拾一下屋子，请你帮助小男孩把以下物品分分类并做一下统计吧！

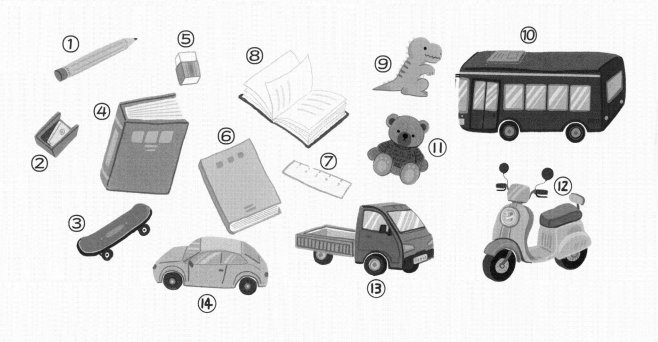

	书	车辆玩具	毛绒玩具	学习用品
标号				
数量				

·好甜的生日礼物·

小男孩收到了妈妈给他准备的一袋糖果，袋子里有12块巧克力、1块水果软糖，他把手伸进袋子里，摸索着，想要掏出一块来吃，你猜他大概率摸出来的是什么呢？

· 盲盒的秘密 ·

你爱抽盲盒吗？如果你对概率有一定的了解，它或许还能帮你达成心愿呢！下面是4个盲盒，每个盲盒里有8个水晶能量球，能量球分绿色和黄色，你最想抽中什么颜色的能量球呢？先把每个盲盒和所对应的概率描述连起来，然后选出自己最喜欢的吧！

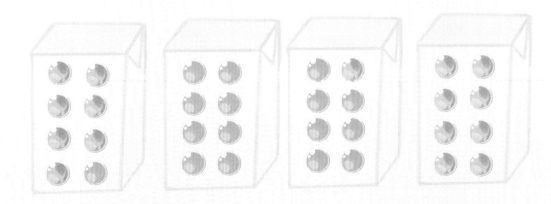

·统计小能手·

1.**设定主题**：在日常生活中，孩子会遇到许多需要通过统计而得出结论的主题，比如"最受欢迎的故事""最受欢迎的交通工具""最受欢迎的零食"等。选出一个最感兴趣的主题，和其他小朋友一起来探索统计的奥秘吧！

2.**画出表格**：选出一个最感兴趣的主题，比如"最受欢迎的交通工具"，然后根据所学的知识绘制出一个图表，想一想表格需要哪些数据呢？

参考：

最受欢迎的交通工具				
交通工具名称				
人数				

3.**写下选项**：小朋友们聚在一起，说一说自己最喜欢的交通工具，在"交通工具名称"那一行写上交通工具的名称，如卡车、挖掘机、消防车等。

4.**举手投票**：分别念出上述交通工具的名字，举手投票，注意每个孩子只能举一次手哟！统计出人数后，将人数写在相应的交通工具名称下面。比如，喜欢卡车的孩子有4个人，那就在卡车的下面写上"4"。

5.**选出最喜欢的**：根据统计结果，大家一起念出"最受欢迎的交通工具"的名字吧！

· 统计的多样性 ·

菜市场可真热闹啊！前面我们已经用图表的方式统计出了每种蔬菜的售卖数量，这里我们试着用其他方式来统计一下——哪种蔬菜最受欢迎呢？

我们可以用**画圆圈**的方式来做基本的统计：

为了一目了然，我们可以用**柱状图**来表示：

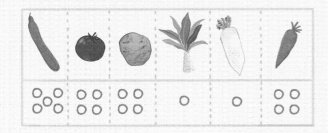

可以用**扇形图**来表示：

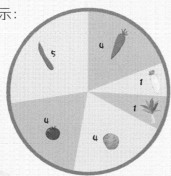

为了更容易地看出蔬菜的售卖数量变化，我们还可以画一张**折线图**：

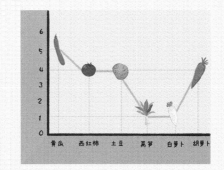

怎么样？哪种图表更一目了然呢？另外，最受欢迎的蔬菜可能不止一种哟！

知识点结业证书

亲爱的_____小朋友,

恭喜你顺利完成了知识点 **"统计与概率"** 的学习, 你真的太棒啦! 你瞧, 数学并不难, 还很有意思, 对不对?

下面是属于你的徽章, 请你为它涂上自己喜欢的颜色, 之后再开启下一册的阅读吧!